Martin-pêcheur d'Europe
Christian Aussaguel

Gille Bentz
Ligue pour la
Protection des Oiseaux

LPO

Dictionnaire des oiseaux de France

Circaète Jean-Le-Blanc
Christian Aussaguel

De gauche à droite, de bas en haut :
Macareux moine Armel Deniau ; Epervier d'Europe Christian Aussaguel ; Huppe fasciée Yann Hermieu ; Mouette tridactyle Jean-Louis Le Moigne.

Éditions Jean-Paul Gisserot
www.editions-gisserot.eu

INTRODUCTION

Faucon crécerelle Photo Jacques Le Baill

Tour d'horizon des principales espèces d'oiseaux de France. De l'Aigle royal au Verdier d'Europe, 120 espèces visibles dans les différentes régions, quelles soient nicheuses, hivernantes ou simplement migratrices. Pour chaque espèce, la famille, les dimensions, le statut de protection, la description, les caractéristiques du chant, l'habitat, la nourriture, la reproduction, la distribution, la migration, sont indiqués, parfois l'étymologie, le comportement et la tendance. Les dimensions données sont des moyennes : longueur, envergure, poids ou encore nombre d'œufs pondus. Les variations sont nombreuses dans la nature.

Flamant rose Photo Emile barbelette

Hirondelle de fenêtre Photo Yann Hermieu

Aigle royal *Aquila chrysaetos*
Aigrette garzette *Egretta garzetta*

Photo Christian Joulot

AIGLE ROYAL

Famille : rapaces diurnes (accipitridés)
Longueur : 80 cm, **Envergure** : 2,10 m
Poids : 3 à 6 kg - *Espèce protégée*

Grand rapace aux longues ailes et longue queue, au plumage brun. Les jeunes se reconnaissent à leur queue blanche à l'extrémité noire. Habite les montagnes. Ses proies favorites sont la marmotte et le lièvre. Peut se contenter de charognes. Chaque couple élève un jeune, parfois deux. Pyrénées, Massif central, Alpes et Corse. Sédentaire.

AIGRETTE GARZETTE

Famille : échassiers (ardéidés)
Longueur : 60 cm, **Envergure** : 90 cm
Poids : 500 g - *Espèce protégée*

Héron blanc au bec et aux pattes noirs et doigts jaunes. Son nom d'« aigrette » vient de la longue plume qui orne l'arrière de sa tête. Cris et grognements assez disgracieux. Vit dans les marais et au bord de mer. Niche en colonie en haut des arbres, parfois avec d'autres hérons, surtout le long du littoral méditerranéen et atlantique, ainsi que dans les zones humides de l'Est. Elève 2 ou 3 jeunes. Large dispersion hivernale. Se nourrit de petits poissons et crevettes. Présente toute l'année en France. A ne pas confondre avec le héron garde-bœufs, blanc également, mais dont le bec est jaune.

Photo Jacques le Baill

Photo Fabrice Cahez

ALOUETTE DES CHAMPS

Famille : passereaux (alaudidés)
Longueur : 18 cm, **Envergure** : 35 cm
Poids : 37 g - *Espèce chassable*

Gros passereau au plumage brun-beige. Plumes de la tête se dressant en huppe. Oiseau des plaines cultivées. Marche beaucoup au sol. Se perche peu. Chante le plus souvent en vol stationnaire très haut dans le ciel. Le chant, très varié et continu, peut durer plusieurs minutes sans interruptions. Se nourrit d'insectes en été et de graines en hiver. Nidification au sol. Deux pontes de 4 œufs. Se regroupe en automne et en hiver. Présente toute l'année sur tout le territoire. En déclin.

AVOCETTE ÉLÉGANTE

Famille : limicoles (récurvirostridés)
Longueur : 44 cm, **Envergure** : 80 cm
Poids : 300 g - *Espèce protégée*

Grand limicole blanc et noir (le blanc domine) au bec caractéristique retroussé. Pattes gris bleu. Doigts palmés. Fréquente les lagunes, estuaires et marais salants. Se nourrit d'invertébrés marins en « balayant » la surface avec son bec. Nage très bien. Niche au sol, en colonie sur les littoraux de l'Atlantique, de la Manche et de la Méditerranée. Pond 4 œufs dans un nid de brindilles. Présente toute l'année.

Photo Yann Hermieu

B

Balbuzard pêcheur *Pandion haliaetus*
Bécasse des bois *Scolopax rusticola*

Photo Emile Barbelette

BALBUZARD PÊCHEUR

Famille : Rapaces diurnes (pandionidés)
Longueur : 60 cm, **Envergure** : 1,50 m
Poids : 1,5 kg - *Espèce protégée*

Grand rapace, noir dessus, blanc dessous, aux ailes étroites. Tête blanche avec une bande noire sur l'œil. Fréquente les lacs, les fleuves et le littoral. Pêche en plongeant les serres en avant. Niche en Corse et en région Centre, mais peut être observé ailleurs en migration. L'aire est construite en haut d'un grand arbre ou dans une falaise. Elève 2 à 3 jeunes. Migrateur hivernant en Afrique. Sédentaire en Corse.

BÉCASSE DES BOIS

Famille : limicoles (scolopacidés)
Longueur : 34 cm, **Envergure** : 60 cm
Poids : 300 g - *Espèce chassable*

Limicole de la taille d'un pigeon, plumage cryptique brun-roux, très long bec, queue courte. Tapie dans les feuilles mortes des sous-bois dans la journée. Se nourrit de lombrics et larves d'insectes dans les prairies la nuit, en sondant la terre humide avec son bec. Niche au sol, protégée par son homochromie. Deux pontes de 4 œufs. Emet des cris gutturaux pendant la croule (parade du mâle). Population nicheuse éparse, absente du grand nord-ouest et du grand sud-est. Effectif renforcé en hiver par des oiseaux originaires d'Europe du nord-est.

Photo Jean-Louis Le Moigne

Bécasseau variable *Calidris alpina*
Bécassine des marais *Gallinago gallinago*

B

Photo Emile Barbelette

BÉCASSEAU VARIABLE

Famille : limicoles (scolopacidés)
Longueur : 20 cm, **Envergure** : 38 cm
Poids : 50 g - *Espèce protégée*

Petit limicole, plus petit que le merle noir. Dos brun roux en été, gris en hiver. Ventre blanc. L'adulte a une tache noir sur le ventre en plumage nuptial, ce qui permet de le distinguer des autres bécasseaux. Long bec noir. Se nourrit de vers, de petits crustacés et de mollusques dans les baies et les estuaires, où il passe l'automne et l'hiver. Les bandes ainsi regroupées en ces lieux peuvent être composées de plusieurs milliers d'individus. Le cri est un trille émis surtout en vol. Niche dans le nord de l'Europe. Une ponte de 4 œufs. Hivernant très commun sur le littoral.

BÉCASSINE DES MARAIS

Famille : limicoles (scolopacidés)
Longueur : 26 cm, **Envergure** : 40 cm
Poids : 100 g - *Espèce chassable*

Ressemble à la bécasse des bois en plus petite. Plumage brun, tirant plus sur le jaune. Très long bec. S'envole en zigzagant et en criant lorsqu'elle est dérangée. Sonde rapidement la vase pour se nourrir de vers. En vol nuptial, les rectrices externes (plumes de la queue) vibrent dans l'air en émettant un chevrotement. Le chant, émis sur un piquet, est une répétition de 2 notes produites avec la régularité d'un métronome. Vit dans les marais, ainsi que sur le littoral. Niche au sol. Une ponte de 4 œufs. Nicheur rare dans la moitié nord, mais population hivernante importante originaire d'Europe du nord-est.

Photo Christian Aussaguel

Bec-croisé des sapins *Loxia curvirostra*
Bergeronnette grise *Motacilla alba*

Photo Christophe Sidamon-Pesson

BEC-CROISÉ DES SAPINS

Famille : passereaux (fringillidés)
Longueur : 17 cm, **Envergure** : 28 cm
Poids : 35 g - *Espèce protégée*

Un peu plus gros que le moineau domestique. Passereau vivement coloré, mâle rouge aux ailes noires, femelle verdâtre. Bec fort qui se caractérise par des pointes se croisant. Cet outil lui permet de décortiquer les cônes d'épicéas et d'autres conifères. Le chant est un mélange de trilles et de gazouillements. Des cris secs de contact sont émis en vol, lors des déplacements en bande. Niche dans les conifères. Une à deux pontes de 3 à 4 œufs. Peut nicher en hiver. Commun en montagne, plus rare en plaine.

BERGERONNETTE GRISE

Famille : passereaux (motacillidés)
Longueur : 18 cm, **Envergure** : 31 cm
Poids : 23 g - *Espèce protégée*

De la taille du moineau domestique, mais avec une très longue queue. Dos gris, ventre blanc, tête blanche avec gorge et calotte noires, queue noire. Bec fin. Cris dissyllabique et métallique. Fréquente les espaces dégagés tels que les pâtures, d'où son nom signifiant « petite bergère ». Trottine au sol en hochant la queue et volète pour capturer des insectes. Niche dans une anfractuosité de rocher ou de mur. Deux à trois pontes de 5 ou 6 œufs. Nicheuse sur tout le territoire, à l'exception de la Corse. Partout en hiver. Se regroupe en hiver en constituant des dortoirs dans les arbres, y compris en ville. Présente toute l'année. En hiver la sous-espèce anglaise (Bergeronnette de Yarrell) vient dans l'ouest de la France et se reconnaît à son dos noir.

Photo Jacques Le Baill

Bernache cravant *Branta bernicla*
Bondrée apivore *Pernis apivorus*

Photo Jacques Le Baill

BERNACHE CRAVANT

Famille : oies (anséridés)
Longueur : 60 cm, **Envergure** : 1,15 m
Poids : 1,5 kg - *Espèce protégées*

Petite oie très sombre. Cou, tête, bec, pattes et ailes noirs, dos et ventre gris foncé et queue blanche. L'adulte a un demi-collier blanc. Niche dans la toundra. Une ponte de 3 à 5 œufs. Arrive de Sibérie en automne. Hiverne en grandes troupes bruyantes dans les baies et estuaires. Se nourrit d'herbes marines et d'algues. Migre en formant un V ou une ligne. Les groupes familiaux restent formés en migration, ainsi qu'en hivernage. Les jeunes se distinguent par des rayures blanches sur les ailes. Littoral Manche et Atlantique, d'octobre à avril.

BONDRÉE APIVORE

Famille : rapaces diurnes (accipitridés)
Longueur : 55 cm, **Envergure** : 1,40 m
Poids : 800 g - *Espèce protégée*

Rapace de la taille de la buse variable, avec laquelle on peut la confondre. Queue plus longue, tête plus fine. Absence de croissant clair sur la poitrine. Coloration variable. Niche en forêt. Le nid est garni de feuillage. Une ponte de 2 œufs. Plane en tournoyant à la manière de la buse variable. Insectivore. Elle déterre les nids de guêpes pour se nourrir du couvain. Migrateur hivernant en Afrique sub-Saharienne. Nicheur en France sur une grande partie du territoire, à l'exception du littoral méditerranéen. La migration d'automne est spectaculaire et suivie sur plusieurs sites des Pyrénées et de l'Aude en particulier.

Photo Franck Chastagnol

Bouvreuil pivoine *Pyrrhula pyrrhula*
Bruant des roseaux *Emberiza schoeniclus*

Photo Fabrice Cahez

BOUVREUIL PIVOINE

Famille : passereaux (fringillidés)
Longueur : 16 cm, **Envergure** : 28 cm
Poids : 22 g - *Espèce protégée*

Passereau de la taille du moineau domestique, facilement reconnaissable à son ventre rouge (mâle) et à sa calotte noire. Croupion blanc bien visible en vol. Vit dans les bois et le bocage, ainsi que dans les jardins. Se nourrit de bourgeons au printemps, de graines et de baies le reste de l'année. Le cri est une note flûtée et mélancolique. Niche dans un arbre. Deux pontes de 5 ou 6 œufs. Niche partout, sauf sur le littoral méditerranéen. Sédentaire. Les oiseaux montagnards descendent en plaine en hiver. En déclin.

BRUANT DES ROSEAUX

Famille : passereaux (embérizidés)
Longueur : 15 cm, **Envergure** : 24 cm
Poids : 17 g - *Espèce protégée*

Passereau ressemblant au moineau domestique, mais tête entièrement noire avec moustache blanche (mâle) en plumage nuptial. Tête marron en hiver (mâle et femelle). Vit dans les zones humides. Regroupement en dortoir dans les roselières en hiver. Chant bref et rudimentaire émis perché en haut d'un roseau. Niche au sol. Une ou deux pontes de 5 œufs. Nicheur dans les 2/3 nord, ainsi que sur le littoral méditerranéen. Présent partout en hiver, sauf en montagne. En déclin.

Photo Jean-Louis Le Moigne

Bruant proyer *Miliaria calandra* **Bruant zizi** *Emberiza cirlus*

Photo Christian Aussaguel

BRUANT PROYER

Famille : passereau (embérizidés)
Longueur : 18 cm, **Envergure** : 30 cm
Poids : 50 g - *Espèce protégée*

Plus grand que le bruant des roseaux. Ressemble à l'alouette. Dessus entièrement gris beige, ventre blanc, poitrine tachetée de noir. Comme son nom l'indique, il vit dans les campagnes, proyer signifiant « des champs » (du latin pratum). Se tient perché sur le sommet des buissons ou sur les fils électriques et de clôture. Le chant est une série de notes allant en s'accélérant. Se regroupe en bandes en dehors de la saison de reproduction. Niche au sol ou à faible hauteur. Deux pontes de 4 ou 5 œufs. Absent d'une partie du sud-ouest et du nord-ouest, du Massif central, des Alpes et du Jura. Sédentaire. Espèce en déclin.

BRUANT ZIZI

Famille : passereaux (embérizidés)
Longueur : 16 cm, **Envergure** : 23 cm
Poids : 21 g - *Espèce protégées*

De taille intermédiaire entre le bruant des roseaux et le bruant proyer. Le mâle a la tête rayée jaune et noire, la femelle est plus terne. Vit dans les jardins et dans le bocage. Chant simple : une note répétée formant une strophe de 2 à 3 secondes et évoquant une crécelle et qui lui a peut-être donné son nom. Niche dans un buisson à faible hauteur. Deux pontes de 4 œufs. Partout, à l'exception de l'extrême nord. Sédentaire.

Photo Jean-Louis Le Moigne

Buse variable *Buteo buteo*
Canard colvert *Anas platyrhynchos*

Photo Christian Aussaguel

BUSE VARIABLE

Famille : rapaces diurnes (accipitridés)
Longueur : 55 cm, **Envergure** : 1,20 m
Poids : 700 g à 1,100 kg - *Espèce protégée*

Rapace de taille moyenne. Coloration très variable (d'où son nom !) allant du brun foncé au blanc presque pur. Généralement brune avec croissant clair sur la poitrine. Larges ailes arrondies, qui vues de dessous présentent une grosse tache blanche à la base des rémiges primaires. Tournoie haut dans le ciel avec les ailes légèrement en V et en poussant des cris rappelant des miaulements. Consomme surtout des campagnols. Construit son aire en haut d'un grand arbre. Elève 2 ou 3 jeunes. Niche sur tout le territoire, sauf sur le littoral méditerranéen (où elle est hivernante). Sédentaire. De nombreuses buses nordiques hivernent en France.

CANARD COLVERT

Famille : canards (anatidés)
Longueur : 55 cm, **Envergure** : 90 cm
Poids : 1 kg - *Espèce chassable*

Canard de surface très commun. Le mâle a la tête verte et le bec jaune. La femelle est brune et a le bec orange. Fréquente tout type de zones humides, y compris en milieu urbain. Se nourrit de graines et de feuilles de plantes aquatiques, mais consomme également mollusques et insectes. C'est la femelle qui cancane. Niche dans la végétation, parfois loin de tout plan d'eau. Elève une douzaine de canetons. Sur tout le territoire, à l'exception de la haute montagne. Sédentaire. Effectif renforcé en hiver par les colverts nordiques.

Photo Jacques Le Baill

Canard pilet *Anas acuta*
Canard siffleur *Anas penelope*

C

Photo Emile Barbelette

CANARD PILET

Famille : canards (anatidés)
Longueur : 70 cm, **Envergure** : 90 cm
Poids : 900 g - *Espèce chassable*

Canard de surface reconnaissable à sa longue queue fine et pointue (mâle) et à sa tête noire. Un mélange de gris, de blanc et de noir en fait un canard élégant. La femelle ressemble à celle du canard colvert, mais avec le bec noir. Surtout végétarien. Apparaît à l'automne dans les zones humides françaises, où il passe l'hiver. Origine : nord et est de l'Europe. Une ponte de 8 ou 9 œufs. Hivernant dans la moitié nord et sur le littoral méditerranéen.

CANARD SIFFLEUR

Famille : canards (anatidés)
Longueur : 48 cm, **Envergure** : 80 cm
Poids : 750 g - *Espèce chassable*

Canard de surface à la tête rousse relevée d'une bande jaune sur le front (mâle), corps gris. Femelle roussâtre. Hiverne dans les estuaires. Se nourrit de plantes aquatiques, souvent en compagnie des bernaches cravant. Le mâle émet un sifflement mélodieux. Une ponte de 6 à 10 œufs. Niche en Sibérie et en Scandinavie. Hivernant sur le littoral et dans quelques zones humides intérieures de l'est.

Photo Aurélien Audevard

Chardonneret élégant *Carduelis carduelis*
Chevalier arlequin *Tringa erythropus*

Photo Christian Aussaguel

CHARDONNERET ÉLÉGANT

Famille : passereaux (fringillidés)
Longueur : 14 cm, **Envergure** : 23 cm
Poids : 15 g - *Espèce protégée*

Petit passereau de la taille du moineau domestique, aux couleurs vives : tête noire, blanche et rouge, ailes noires et jaunes. Sexes semblables. Vit dans le bocage et dans les jardins. Consomme des graines de chardons et autres plantes épineuses. Le chant est un joyeux gazouillis. Construit son nid à l'extrémité d'une branche. Deux pontes de 5 œufs. Se regroupe en bande en hiver pour parcourir la campagne. Sur tout le territoire. Sédentaire.

CHEVALIER ARLEQUIN

Famille : limicoles (scolopacidés)
Longueur : 30 cm, **Envergure** : 50 cm
Poids : 150 g - *Espèce chassable*

Limicole de taille moyenne. Plumage nuptial noir pointillé de blanc, plumage d'hiver gris clair, long bec rouge et noir et longues pattes noires en été, rouges en hiver. Ailes gris uniforme. Niche en Laponie et en Sibérie. Une ponte de 4 œufs. Hiverne dans les marais littoraux de l'Ouest et en Camargue. Se nourrit de petits invertébrés vivant dans la vase. Hivernant.

Photo Christian Aussaguel

Chevalier gambette *Tringa totanus*
Chevalier guignette *Actitis hypoleucos*

C

Photo Armel Deniau

CHEVALIER GAMBETTE

Famille : limicoles (scolopacidés)
Longueur : 28 cm, **Envergure** : 48 cm
Poids : 125 g - *Espèce chassable*

Légèrement plus petit que le chevalier arlequin et moins haut sur pattes. Bec plus court. Plumage gris-brun, ventre plus clair en hiver qu'en été. Pattes rouge vif. En vol, se distingue de tous les autres limicoles par sa barre blanche à l'arrière de l'aile. Consomme des invertébrés. Hiverne sur le littoral. L'appel ressemble à un sifflement, assez facile à imiter. Petite population nicheuse dans l'ouest et le sud de la France. Niche au sol, dans la prairie inondable. Une ponte de 4 œufs. Surtout hivernant, principalement dans les marais côtiers et sur le littoral.

CHEVALIER GUIGNETTE

Famille : limicoles (scolopacidés)
Longueur : 20 cm, **Envergure** : 33 cm
Poids : 50 g - *Espèce protégée*

Plus petit que les deux précédents et court sur pattes. Dos brun et ventre blanc. Trottine au bord de l'eau en hochant la queue. Crie souvent en rasant le bord de l'eau. Niche au bord des cours d'eau, principalement dans l'est. Une ponte de 4 œufs. Hiverne en faible nombre en France, le long du littoral atlantique, de la Loire et en Camargue. Surtout visible en migration, tant en eau douce qu'au bord de mer.

Photo Jean-Louis Le Moigne

Chevêche d'Athéna *Athene noctua*
Choucas des tours *Corvus monedula*

Photo Emile Barbelette

CHEVÊCHE D'ATHÉNA

Famille : rapaces nocturnes (strigidés)
Longueur : 22 cm, **Envergure** : 53 cm
Poids : 150 g - *Espèce protégées*

Petite chouette brune tachetée de blanc. Yeux jaunes. Queue courte. Vol souple et ondulant. Souvent active de jour. Fréquente le bocage, les vergers, les villages. Niche dans une cavité d'arbre ou d'habitation. Une ponte de 4 à 5 œufs. Capture de petits rongeurs et des insectes. Le cri est une sorte de miaulement. Le chant est un hou ou interrogatif. Sédentaire. Absente d'une grande partie des Alpes et de la Corse. Se raréfie dans certaines régions. En déclin.

CHOUCAS DES TOURS

Famille : passereaux (corvidés)
Longueur : 33 cm, **Envergure** : 67 cm
Poids : 230 g - *Espèce protégée*

Ressemble à une petite corneille noire, avec l'arrière de la tête gris et l'œil argenté. Très sociable. Vit en colonie dans les falaises ou sur les grands édifices. Fréquents cris de contact secs et sonores. Omnivore. Présent jusqu'au cœur des villes. Niche dans des cavités. Une ponte de 5 œufs. Absent du sud-ouest, d'une partie des Alpes et de Corse. Sédentaire.

Photo Fabrice Cahez

Chouette hulotte (Chat huant) *Strix aluco*
Cigogne blanche *Ciconia ciconia*

C

Photo Emile barbelette

CHOUETTE HULOTTE
(Chat huant)
Famille : rapaces nocturnes (strigidés)
Longueur : 38 cm, **Envergure** : 1 m
Poids : 400 g - *Espèce protégée*

Chouette à l'allure trapue, grosse tête. Couleur variant du brun-roux au gris. Yeux globuleux noirs. Chant caractéristique : le célèbre hululement, émis de l'automne au printemps. Habite la campagne, les villages. Niche dans une cavité d'arbre ou de bâtiment. Une ponte de 2 à 4 œufs. Consomme des campagnols et des musaraignes. Sur tout le territoire, sauf en Corse. Sédentaire.

CIGOGNE BLANCHE
Famille : échassiers (ciconiidés)
Longueur : 1,10 m, **Envergure** : 2,10 m
Poids : 3,5 kg - *Espèce protégée*

Grand échassier blanc aux rémiges noires. Bec et pattes rouge vif. Habite les prairies marécageuses où elle chasse de petits animaux (grenouilles, insectes, écrevisses...). Grand planeur utilisant les ascendances thermiques. Ne crie ni ne chante, mais les claquements de bec retentissent comme des castagnettes. Le nid est une grande plate-forme de branchages, dans un arbre, sur un pylône électrique ou sur une habitation (Alsace). Niche dans les zones humides de l'ouest, de Normandie et en Alsace, entre autres. Une ponte de 4 œufs. Migre en Afrique, mais une partie de la population hiverne en France. En augmentation.

Photo Yann Hermieu

Cincle plongeur *Cinclus cinclus*
Circaète Jean-Le-Blanc *Circaetus gallicus*

Photo Christian Aussaguel

CINCLE PLONGEUR

Famille : passereau (cinclidés)
Longueur : 18 cm, **Envergure** : 30 cm
Poids : 60 g - *Espèce protégée*

Passereau de la taille du merle noir, ventru et à queue courte. Plumage très sombre, à l'exception d'un large plastron blanc. Fréquente les eaux vives des régions de relief, où il est parfois nommé « merle d'eau ». Se nourrit d'insectes aquatiques qu'il pêche en courant sous l'eau. Le chant est un agréable babil. Le nid, une boule de brindilles, est construit au-dessus de l'eau, dans une cavité de rocher. Deux pontes de 5 œufs. Pyrénées, Massif central, Alpes, Jura, Vosges, Lorraine, Bourgogne et Corse. Sédentaire.

CIRCAÈTE JEAN-LE-BLANC

Famille : rapaces diurnes (accipitridés)
Longueur : 65 cm, **Envergure** : 1,80 m
Poids : 1,8 kg - *Espèce protégée*

Grand rapace brun plus ou moins clair dessus, dessous blanc rayé de brun. Grosse tête, yeux jaunes. Plane beaucoup et pratique le vol stationnaire pour chasser. Ne crie pas, sauf à l'approche du nid. Le nid est en haut d'un grand arbre. Ne pond qu'un seul œuf. Niche en forêt et chasse en milieu ouvert. Se nourrit principalement de serpents. Présent dans les 2/3 sud de la France. Hiverne en Afrique sub-Saharienne.

Photo Christian Aussaguel

Photo Christian Aussaguel

COCHEVIS HUPPÉ

Famille : passereaux (alaudidés)
Longueur : 17 cm, **Envergure** : 34 cm
Poids : 43 g - *Espèce protégée*

Ressemble beaucoup à l'alouette des champs, mais sa crête est plus longue. Oiseau des milieux ouverts. Il chante le plus souvent perché (sur un bâtiment). Son chant est fait de notes claires assemblées en courtes strophes. Niche au sol, abrité sous une touffe d'herbe. Deux à trois pontes de 4 œufs. Absent du centre, de l'est, du sud-ouest et du nord-ouest. Sédentaire.

COMBATTANT VARIÉ

Famille : limicoles (scolopacidés)
Longueur : 29 cm, **Envergure** 50 cm
Poids : 100 à 200 g - *Espèce chassable*

De la taille du chevalier arlequin, bec court, plumage « écailleux ». Les mâles, plus grands que les femelles, ont des plumages nuptiaux extravagants : collerettes blanches, rousses, noires, rayées... qu'ils déploient et gonflent lors de joutes se déroulant dans des arènes (d'où son nom de combattant). Habite les marais. Silencieux. Nicheur très rare en France. Niche au sol. Une ponte de 4 œufs. Hiverne en petit nombre en France. Visible surtout en migration dans les marais de l'ouest et en Camargue.

Photo Dominique Halleux

C Corbeau freux *Corvus frugilegus* Cormoran huppé *Phalacrocorax aristotelis*

Photo Jean-Louis Le Moigne

CORBEAU FREUX

Famille : passereaux (corvidés)
Longueur : 47 cm, **Envergure** : 90 cm
Poids : 450 g - *Espèce classée nuisible*

Corvidé noir. Diffère de la corneille noire par une tache gris clair à la base du bec et sur la joue. Omnivore, mais plutôt végétarien. Niche en colonies bruyantes dans les arbres, dans la moitié nord du pays. Les cris graves et nasillards sont les plus fréquents. Une ponte de 3 à 5 œufs. Troupes nombreuses visibles dans les labours en hiver constituées d'oiseaux venus de l'est de l'Europe. Hiverne également dans le sud du pays. Sédentaire dans le nord.

CORMORAN HUPPÉ

Famille : phalacrocoracidés
Longueur : 75 cm, **Envergure** : 1 m
Poids : 1,7 kg - *Espèce protégée*

« Cormoran » vient du vieux français et signifie « corbeau de mer », allusion à sa couleur.

Oiseau marin noir, aux reflets vert bouteille. Cou allongé. Huppe en hiver et au printemps chez le mâle et la femelle. Tâche jaune à la commissure du bec. Œil vert émeraude. Le jeune a un plumage plus clair. Habite les côtes rocheuses surtout en Normandie et Bretagne. Une sous-espèce vit en Méditerranée, essentiellement en Corse. Cri caverneux. Niche en colonie sur des îles et falaises. 3 œufs sont déposés dans un nid faits d'algues et abrité sur un rocher. Exclusivement marin. Piscivore. Ses apnées durent un peu moins d'une minute. Sédentaire.

Photo Armel Deniau

Corneille noire *Corvus corone*
Coucou gris *Cuculus canorus*

Photo Christian Aussaguel

CORNEILLE NOIRE

Famille : passereaux (corvidés)
Longueur : 47 cm, **Envergure** : 95 cm
Poids : 500 g - *Espèce classée nuisible*

Entièrement noire. Elle croasse en hochant la tête. Omnivore à tendance plutôt carnivore, elle se nourrit surtout d'insectes et de mollusques, mais ne dédaigne pas fruits et légumes. Se fait également charognard et pilleuse de nids à l'occasion. Habite toute sorte de milieux. Niche en couple (contrairement au corbeau freux). Construit un nid volumineux, fait de branchages en haut d'un arbre, plus rarement dans une falaise. 1 ponte de 5 œufs. La famille reste parfois unie jusqu'à l'hiver. Le couple est uni pour la vie. Houspille systématiquement les rapaces qui traversent le territoire du couple. Présente toute l'année, sur tout le territoire. En Corse, est représentée par la sous-espèce « corneille mantelée » dont le corps est gris.

Photo Christian Aussaguel

COUCOU GRIS

Famille : passereaux (cuculidés)
Longueur : 33 cm, **Envergure** : 60 cm
Poids : 120 g - *Espèce protégée*

Rappelle le faucon crécerelle par sa longue queue et ses ailes pointues et l'épervier d'Europe par sa couleur grise et son ventre rayé. La femelle est parfois rousse (comme la femelle du faucon crécerelle). Tout le monde connaît son chant, que l'on attend chaque printemps et qui lui a valu son nom. Chante de l'aube au crépuscule, parfois même la nuit. Le mâle émet également un cri rauque et étouffé. Celui de la femelle peut être comparé à un rire. Grand consommateur de chenilles, y compris celles qui ont des poils urticants. Pond ses œufs dans les nids d'autres passereaux (troglodyte, rouge-gorge, pipit farlouse, rousserolle effarvatte, bergeronnette grise…). Pond une dizaine d'œufs (1 par nid). Repart en Afrique dès le mois de juin. Les coucous observés en été sont les jeunes sortis des nids des parents adoptifs. Absolument partout, y compris en altitude. Hiverne au sud du Sahara, pour certains individus jusqu'en Afrique méridionale.

Courlis cendré *Numenius arquata*
Cygne tuberculé (Cygne muet) *Cygnus olor*

Photo Armel Deniau

COURLIS CENDRÉ

Famille : limicoles (scolopacidés)
Longueur : 55 cm, **Envergure** : 90 cm
Poids : 850 g - *Espèce chassable*

Le plus grand des limicoles de France. Plumage gris-brunâtre finement strié. Bec arqué immense. Très farouche. Son nom trouverait son origine dans l'onomatopée de son cri qui porte loin : 2 notes flûtées, la première un peu traînante, la seconde plus brève. Consomme des vers de vase, des crabes, des crevettes, des coquillages et des puces de mer sur le rivage, et des insectes et mollusques dans les terres. Nicheur rare en France, absent du sud. Niche au sol dans les landes rases ou les friches. Une ponte de 4 oeufs. Hiverne en groupe au bord de mer.

CYGNE TUBERCULÉ

(Cygne muet)
Famille : anatidés
Longueur : 1,50 m, **Envergure** : 2,20 m
Poids : 10 à 23 kg - *Espèce protégée*

Très grand oiseau blanc connu de tous. Un des plus gros oiseaux d'Europe. Très long cou. Bec rouge surmonté d'une caroncule noire (d'où « tuberculé »). Les jeunes sont beiges, bec rose. Aussi nommé Cygne muet en comparaison sans doute à son cousin le cygne sauvage, très loquace. Ses cris à lui sont rauques et faibles et donc peu audibles. Il souffle lorsqu'il est irrité. Les rémiges émettent un sifflement au vol. Vit sur les lacs, étangs, rivières ou sur la mer. Se nourrit de plantes aquatiques. Le nid est un assemblage volumineux de tiges de roseaux, d'herbes et d'algues entassées sur une berge ou un îlot. Une ponte de 5 à 7 œufs. Nicheur surtout dans la moitié nord. Sédentaire, mais descend un peu plus au sud en hiver. Le cygne tuberculé est également élevé comme oiseau d'ornement.

Photo Christian Aussaguel

Echasse blanche *Himantopus himantopus*
Effraie des clochers *Tyto alba*

E

Photo Christian Aussaguel

ECHASSE BLANCHE

Famille : limicoles (récurvirostridés)
Longueur : 37 cm, **Envergure** : 75 cm
Poids : 180 g - *Espèce protégée*

Son nom évoque l'incroyable longueur de ses pattes (rouges). Son plumage est de la même couleur que celui de l'avocette, mais le noir couvre entièrement l'aile. Le bec noir est long, fin et droit. Des cris durs et sonores expriment le plus souvent son inquiétude. L'échasse fréquente les mêmes milieux que l'avocette (lagunes et marais salants). Niche au sol et en colonie. Une ponte de 4 œufs, déposés sur quelques brindilles, parfois à même la terre. Surtout abondante autour de la Méditerranée, mais également dans les marais côtiers de l'Atlantique et dans une moindre mesure de la Manche. Parfois dans les étangs de l'intérieur (Sologne, Brenne…). Les effectifs sont fluctuants et dépendants des niveaux d'eau. Migrateur hivernant en Afrique.

EFFRAIE DES CLOCHERS

Famille : rapaces nocturnes (tytonidés)
Longueur : 35 cm, **Envergure** : 90 cm
Poids : 330 g - *Espèce protégée*

Surnommée la « dame blanche » à cause de la blancheur de son disque facial et de son ventre, bien que ce dernier puisse être roux. Le dessus est orangé, mêlé de gris. Yeux noirs. Vit dans les campagnes, villages et même dans les villes où elle occupe les clochers d'église, lorsque ceux-ci ne sont pas grillagés. Son chuintement caractéristique révèle sa présence. Il est émis posé et en vol. Ses proies favorites, campagnols et musaraignes, sont ingérées entières. Poils et os non digérés sont rejetés par le bec dans des pelotes, dites de réjection. Niche dans les greniers, clochers ou autres cavités. Les œufs, dont le nombre peut varier en fonction des ressources alimentaires disponibles (généralement 4 à 7), sont déposés sur un tapis feutré de pelotes de réjection en décomposition. Souvent victime de la circulation routière. En partie absente des Alpes et, dans une moindre mesure, des Pyrénées. Sédentaire.

Photo Emile Barbelette

Engoulevent d'Europe *Caprimulgus europaeus*
Epervier d'Europe *Accipiter nisus*

ENGOULEVENT D'EUROPE

Famille : passereaux (caprimulgidés)
Longueur : 27 cm, **Envergure** : 57 cm
Poids : 80 g - *Espèce protégée*

Grand passereau nocturne aux longues ailes et queue. Son bec est minuscule, mais sa bouche s'ouvre largement. Ses yeux sont globuleux pour permettre la vision nocturne. Plumage cryptique qui le camoufle lorsqu'il est posé sur une branche. Vit dans les landes, les friches, les clairières. C'est son chant qui permet de le repérer : un ronronnement grave et continu que l'on attribuerait volontiers à un insecte ou à un batracien. Son activité crépusculaire démarre par le chant. Perché sur la branche nue d'un arbre isolé, il chante pendant de longues minutes avant de partir à la chasse. En vol, il émet des cris de contact et claque des ailes. Il vole lentement à faible hauteur pour détecter coléoptères, grillons et papillons de nuit. On a longtemps cru qu'il capturait les insectes en volant la bouche ouverte et c'est ce qui lui a valu son nom, qui signifie « avaleur de vent ». Ne construit pas de nid. Deux pontes de 2 œufs, déposés directement sur la mousse ou les feuilles mortes. Absent d'une partie du nord et de la Lorraine. Migrateur qui hiverne en Afrique sub-Saharienne.

EPERVIER D'EUROPE

Famille : rapaces diurnes (accipitridés)
Longueur : 35 cm, **Envergure** : 70 cm
Poids : 140 à 250 g - *Espèce protégée*

Petit rapace aux ailes arrondies et à longue queue. Le dessus est gris, le ventre est rayé de gris chez la femelle, de rouge chez le mâle. La femelle est nettement plus grande que le mâle. Il émet des cris (sorte de caquètement) pendant la saison de reproduction, à l'approche du nid. Vol rapide, souvent au ras du sol. Furtif, discret. Niche dans les bois. Le nid de branchage est construit à l'intersection du tronc et d'une ou deux branches. Il contient 4 ou 5 œufs. L'épervier chasse à découvert, jusque dans les jardins. Il capture des passereaux en vol. Sur tout le territoire. Sédentaire.

En haut : Engoulevent d'Europe. Photo Christian Aussaguel
En bas : Epervier d'Europe. Photo Christian Aussaguel

Etourneau sansonnet *Sturnus vulgaris*
Faisan de Colchide *Phasianus colchicus*

Photo Aurélien Audevard

ETOURNEAU SANSONNET

Famille : passereaux (sturnidés)
Longueur : 21 cm, **Envergure** : 37 cm
Poids : 70 g - *Espèce classée nuisible*

Passereau de la taille du merle noir, mais à queue plus courte. Plumage noir à reflets verts et violets, avec des tâches blanchâtres. Bec jaune. Chant varié, incorporant toutes sortes d'imitations. Chante toute l'année. Habite la campagne et les villages. Niche dans des cavités d'arbre ou de bâtiment (ou nichoir). Deux pontes de 4 à 6 œufs. Insectivore au printemps et en été, végétarien en automne et en hiver. Se rassemble en dortoirs, parfois immenses, en hiver, dans des bosquets ou en ville, dans un vacarme assourdissant. Sur tout le territoire, sauf en Corse où il est remplacé par l'étourneau unicolore. Présent toute l'année.

FAISAN DE COLCHIDE

Famille : gallinacés (phasianidés)
Longueur : jusqu'à 90 cm
Envergure : 80 cm, **Poids** : 1,3 kg
Espèce chassable

Gallinacé originaire d'Asie, introduit en Europe pour la chasse. Plumage brun roux. Femelle gris beige. Queue aussi longue que le corps. Le coq lance un appel rauque dissyllabique qui porte loin. Vit dans les campagnes cultivées et dans le bocage. Surtout végétarien. Niche au sol : 8 à 12 œufs. Sur tout le territoire, sauf en montagne. Sédentaire.

Photo Fabrice Cahez

F Faucon crécerelle *Falco tinnunculus*
Faucon pèlerin *Falco peregrinus*

Photo Jacques Le Baill

FAUCON CRÉCERELLE

Famille : rapaces diurnes (falconidés)
Longueur : 35 cm, **Envergure** : 75 cm
Poids : 200 g - *Espèce protégée*

Petit rapace de la taille de l'épervier d'Europe. Dos et dessus des ailes roux, queue et tête gris, ventre crème moucheté de noir. Pointe des ailes noire. Femelle : queue et tête brun strié es de noir, comme le dessus des ailes et du dos. Ailes pointues. Le cri est une note stridente, répétée en série, rappelant une crécelle et qui est à rapprocher de « crécerelle ». Pratique le vol stationnaire, en « Saint-Esprit », pour chasser campagnols et insectes. Niche dans des vieux nids de corvidés, ou dans des cavités (falaises, bâtiments) jusqu'en agglomération. Pond 4 à 6 œufs. Sur tout le territoire. Sédentaire.

FAUCON PÈLERIN

Famille : rapaces diurnes (falconidés)
Longueur : 45 cm, **Envergure** : 1,05 m
Poids : 600 g à 950 g - *Espèce protégée*

Grand faucon gris ardoisé, au ventre blanc rayé de noir, capuchon noir descendant sur les joues en « moustaches ». Ailes pointues. La femelle est nettement plus grande que le mâle. Le cri d'alarme est un caquètement aigu. Niche en falaise (montagne, vallée fluviale et bord de mer). 3 ou 4 œufs sont déposés dans l'aire. Chasse au vol. Se nourrit d'oiseaux (pie, corneille, choucas, pigeon, mouette rieuse…). Elevé pour la fauconnerie. Peut-être observé un peu partout en hiver. Présent toute l'année.

Photo Christian Aussaguel

Fauvette à tête noire *Sylvia atricapila*
Fauvette grisette *Sylvia communis*

F

Photo Aurélien Audevard

FAUVETTE À TÊTE NOIRE

Famille : passereaux (sylviidés)
Longueur : 14 cm, **Envergure** : 23 cm
Poids 20 g - *Espèce protégée*

Passereau de la taille du moineau domestique, de couleur grise avec une calotte noire pour le mâle et rousse pour la femelle. Vit dans les arbres. Sa présence est signalée par le chant puissant et flûté, se caractérisant par un final retentissant. Insectivore se nourrissant également de baie en été et en automne. Niche dans un arbre, à faible hauteur. Une ou deux pontes de 5 œufs. Sur tout le territoire. Surtout migrateur (part en Afrique à la fin de l'été) mais petit hivernage, sauf dans l'est.

FAUVETTE GRISETTE

Famille : passereaux (sylviidés)
Longueur : 14 cm, **Envergure** : 22 cm
Poids : 15 g - *Espèce protégée*

Même taille que la fauvette à tête noire, mais sans calotte, avec gorge blanche et ailes rousses. Vit dans les buissons. Chante posée et en vol. Chant râpeux, au rythme trépident et haché. Même régime alimentaire que la fauvette à tête noire. Niche dans un buisson bas. Une ou deux pontes de 5 œufs. Sur tout le territoire, sauf sur le littoral méditerranéen. Migrateur hivernant au sud du Sahara. En déclin.

Photo Jean-Louis Le Moigne

Fauvette pitchou *Sylvia undata*
Flamant rose *Phoenicopterus ruber*

Photo Claude Guihard

FAUVETTE PITCHOU

Famille : passereaux (sylviidés)
Longueur : 13 cm, **Poids** : 8 g
Espèce protégée

La plus petite de nos fauvettes, d'où son nom, pitchou signifiant petit en provençal. Se distingue également par son plumage plus sombre et sa longue queue. Le chant est une courte phrase sèche et grinçante, émise du sommet d'un buisson, parfois en vol. Vit dans les landes et les buissons épineux. Deux pontes de 4 œufs. Sud et Ouest. Sédentaire.

FLAMANT ROSE

Famille : échassiers (phœnicoptéridés)
Longueur : 1,35 m, **Envergure** : 1,50 m
Poids : 3,6 kg - *Espèce protégée*

Echassier aux très longues pattes et très long cou. Plumage blanc, ailes rouges et noires. Gros bec rose à pointe noire, coudé vers le bas. Jeunes gris. Vole cou et pattes tendus, ce qui allonge encore la silhouette. Cri à sonorité nasale, rappelant l'oie cendrée. Vit dans les lagunes salées. Filtre les animalcules avec son bec. Niche en colonie (Camargue). 1 œuf. Répandu sur le littoral méditerranéen, de la Camargue aux étangs du Languedoc-Roussillon, où l'espèce est visible toute l'année.

Photo Emile barbelette

Fou de Bassan *Morus bassanus*
Foulque macroule *Fulica atra*

Photo Philippe Prigent

FOU DE BASSAN

Famille : sulidés
Longueur : 95 cm, **Envergure** : 1,80 m
Poids : 3 kg - *Espèce protégée*

Le plus grand des oiseaux de mer d'Europe. Plumage blanc, à l'exception de la pointe des ailes noire et de la tête ocre jaune. Sexes semblables. Jeunes bruns. Cris rauques et sonores sur la colonie. Vit en haute mer. Piscivore. Plonge en piquet de 30 m de hauteur. Niche en colonies regroupant des milliers de couples, sur une île ou une falaise. 1 œuf déposé dans un gros nid d'algues et de débris de filets récoltés sur la mer. Visible le long de toutes les côtes françaises, toute l'année. En expansion aux Sept-Iles (Côtes d'Armor).

FOULQUE MACROULE

Famille : rallidés
Longueur : 37 cm, **Envergure** : 75 cm
Poids : 800 g - *Espèce chassable*

Oiseau d'eau au plumage entièrement noir, avec le bec et un écusson frontal blancs. Petits cris brefs. Vit et niche sur les lacs et étangs, mais peut hiverner en bord de mer. Le nid flottant est fait de plantes aquatiques. La première ponte est composée de 7 à 12 oeufs, la seconde d'un peu moins. Court sur l'eau en battant des ailes avant de décoller. Plonge pour se nourrir de plantes et de petits animaux aquatiques. Se nourrit également sur les berges. Absente d'une grande partie du sud-ouest. Présente toute l'année ailleurs.

Photo Christian Aussaguel

Fuligule milouin *Aythya ferina*
Fulmar boréal *Fulmarus glacialis*

FULIGULE MILOUIN

Famille : anatidés
Longueur : 45 cm, **Envergure** : 77 cm
Poids : 1 kg - *Espèce chassable*

Canard plongeur de couleur gris clair, avec la poitrine et la queue noires et la tête rousse. Femelle brune. Se nourrit de végétaux et petits animaux aquatiques. Niche dans la moitié nord. Une ponte de 8 œufs. Hiverne sur les étangs, un peu partout en France.

Photo Gilles Bentz

FULMAR BORÉAL

Famille : procellariidés
Longueur : 48 cm, **Envergure** : 1,07 m
Poids : 750 g - *Espèce protégée*

Oiseau marin rappelant un goéland argenté, mais sans noir à la pointe des ailes. Plus petit également. En vol les ailes sont tendues. Vit en haute mer où il se nourrit de petits animaux marins (calmars), ainsi que de déchets de pêche et de cadavres qu'il repaire grâce à son odorat développé. Niche en colonie sur les falaises, où il émet des grognements. Pond 1 œuf à même le sol. Ne fréquente pas le littoral en dehors des sites de reproduction. Surtout en Manche et jusque sur les îles de Bretagne sud. Visible en mer, sauf en méditerranée, toute l'année.

Photo Armel Deniau

Gallinule poule d'eau *Gallinula chloropus*
Geai des chênes *Garrulus glandarius*

Photo Anouck Viain

GALLINULE POULE D'EAU

Famille : rallidés
Longueur : 33 cm, **Envergure** : 53 cm
Poids : 300 g - *Espèce chassable*

Plus petite que la foulque. Plumage noir et brun foncé, sous-caudales blanches et tâches blanches sur les flancs. Bec jaune avec écusson frontal rouge vif. Hoche la queue en se déplaçant. Ses cris brefs, comme des coups de trompette, retentissent tout au long de l'année. Niche dans toute sorte de plans d'eau, même de taille réduite. Deux à trois pontes de 8 oeufs. Se nourrit de végétaux et de petits animaux aquatiques. Présente partout, sauf en haute montagne. Sédentaire.

GEAI DES CHÊNES

Famille : passereaux (corvidés)
Longueur : 34 cm, **Envergure** : 53 cm
Poids : 170 g - *Espèce classée nuisible*

Petit corvidé beige. Queue et moustaches noires, croupion blanc, petites plumes bleues sur les ailes. Oiseau forestier, souvent repéré à ses cris rauques et aigres, plutôt désagréables, mais c'est également un imitateur très doué. C'est un omnivore qui a une nette préférence pour les glands, dont il constitue des réserves pour l'hiver. Une ponte de 5 ou 6 œufs. Présent toute l'année sur tout le territoire.

Photo Fabrice Cahez

Goéland argenté *Larus argentatus*
Goéland brun *Larus fuscus*

Photo Gilles Bentz

GOÉLAND ARGENTÉ

Famille : laridés
Longueur : 60 cm, **Envergure** : 1,45 m
Poids : 1 kg - *Espèce protégée*

Oiseau marin de grande taille. Corps, tête et queue blancs, dos et dessus des ailes gris argenté. Bec jaune, pattes roses. Plusieurs types de cris. Les plus remarquables sont ceux, puissants, qui retentissent au printemps. D'autres, plus plaintifs, lui ont donné son nom qui vient du breton « gwella », qui signifie pleurer. Oiseau côtier, mais pouvant vivre loin de la mer, dans les prairies ou en milieu urbain. Omnivore, fréquente les décharges. Nourriture : crustacés, coquillages, poissons, œufs, poussins, cadavres, déchets... Niche en colonie sur des îles, falaises ou sur des toits d'immeubles. 2 ou 3 œufs. Nicheur de la mer du Nord à la Gironde, où il est présent toute l'année. Hiverne également jusqu'au Pays Basque, ainsi que dans l'intérieur, jusqu'en Ile de France. En déclin.

GOÉLAND BRUN

Famille : laridés
Longueur : 58 cm, **Envergure** : 1,38 m
Poids : 900 g - *Espèce protégée*

A peine plus petit que l'argenté, en diffère par le dessus gris foncé et les pattes jaunes. Son cri est plus nasal. Plus rare que l'argenté, le goéland brun fréquente moins les zones urbaines. Les jeunes goélands, gris-beige, tachetés de brun, sont appelés grisards, quelque soit l'espèce. Leur identification est délicate. 2 ou 3 jeunes. Nicheur du Nord à la Gironde. Migrateur hivernant en Afrique, mais d'autres arrivent du nord-est pour passer l'hiver en France, du nord au Pays Basque, ainsi qu'en Méditerranée.

Photo Armel Deniau

Goéland cendré *Larus canus*
Goéland marin *Larus marinus*

G

GOÉLAND CENDRÉ

Famille : laridés
Longueur : 40 cm, **Envergure** : 1,15 m
Poids : 400 g - *Espèce protégée*

Nettement plus petit que les autres goélands. Il s'en distingue également par l'absence de tache rouge sous le bec et son œil noir. Sa voix est plus aiguë. Il diffère de la mouette tridactyle par ses pattes jaunes. Nicheur rare en France. Une ponte de 2 à 3 œufs. Il est surtout présent en hiver, sur les côtes, ainsi que dans l'intérieur du pays.

Photo Fabrice Cahez

GOÉLAND MARIN

Famille : laridés
Longueur : 72 cm, **Envergure** : 1,60 m
Poids : 1,7 kg - *Espèce protégée*

Très grand goéland aux ailes noires, grosse tête, cou et bec puissants. Moins abondant que l'argenté et le brun. Sa voix est plus grave. Même régime alimentaire, auquel il faut ajouter des oiseaux. Niche sur les côtes de la Manche et de l'Atlantique. 2 à 3 œufs. Sédentaire.

Photo Armel Deniau

G

Gorgebleue à miroir *Luscinia svecica*
Grand Corbeau *Corvus corax*

Photo Aurélien Audevard

GORGEBLEUE À MIROIR

Famille : passereaux (turdidés)
Longueur : 14 cm, **Envergure** : 22 cm
Poids : 18 g - *Espèce protégée*

Passereau de la taille du rouge-gorge, à la gorge bleue, bordée de noir et de roux et avec un petit miroir blanc au centre. Dessus brun, dessous blanc, queue rousse. Large sourcil blanc. Remarquable chanteur qui mélange des motifs variés avec des imitations. Vit dans les zones humides intérieures et côtières de la façade atlantique, du nord, du centre est. Insectivore. Deux pontes de 4 à 6 œufs. Migrateur, hivernant en Afrique.

GRAND CORBEAU

Famille : passereaux (corvidés)
Longueur : 65 cm, **Envergure** : 1, 25 m
Poids : 1,1 kg - *Espèce protégée*

Le plus grand des passereaux, de la taille de la buse variable. Plumage entièrement noir avec des reflets violets. Bec et pattes noirs. Bec fort. Queue longue et pointue. Puissants croassements brefs et roulés. Omnivore et charognard. Tournoie dans le ciel à la façon d'un rapace. L'aire, faite de branchages, est installée dans une paroi rocheuse ou une carrière. Une ponte de 4 à 6 œufs. Vit en montagne et dans les falaises maritimes de Bretagne et Normandie, ainsi qu'en Corse. Sédentaire.

Photo Christian Aussaguel

Grand Cormoran *Phalacrocorax carbo*
Grand Gravelot *Charadrius hiaticula*

G

Photo Jacques Le Baill

GRAND CORMORAN

Famille : phalacrocoracidés
Longueur : 90 cm, **Envergure** : 1,50 m
Poids : 2,3 kg - *Espèce protégée*

Plus grand que le cormoran huppé. Zone de peau jaune sous le bec et blanche sur les joues. En plumage nuptial, tête presque blanche et tache blanche sur la cuisse. Cris rauques et caverneux. Posé, se tient souvent les ailes écartées. Oiseau marin vivant aussi bien en mer qu'en eau douce. Piscivore. Pêche en apnée dans les eaux peu profondes. Niche en colonie et se rassemble en dortoir. Les colonies sont dispersées dans la moitié nord. Une ponte de 3 œufs. Plus nombreux en hiver avec les oiseaux originaires des pays de l'est. Hiverne partout, sauf en montagne. Les migrateurs se déplacent en formation.

GRAND GRAVELOT

Famille : limicoles (charadriidés)
Longueur : 19 cm, **Envergure** : 54 cm
Poids : 65 g - *Espèce protégée*

Gravelot vient de grève. Petit échassier de rivage de la taille de l'alouette des champs. Dos brun clair, ventre blanc. Collier et bandeau noirs. Bec et pattes orange. Bec court à pointe noire. L'appel est dissyllabique et le chant nuptial est émis en vol. Se nourrit d'animalcules qu'il pique à la surface du sable. Niche au printemps et en été sur les plages, du Nord au Finistère. Deux pontes de 4 œufs déposés dans le sable, les graviers, les galets ou les coquillages. Présent toute l'année, mais en plus grand nombre en hiver, période durant laquelle il se mélange à d'autres limicoles, surtout au bécasseau variable. Hiverne également sur le littoral de l'Atlantique et de la Méditerranée.

Photo Fabrice Cahez

Grand Labbe *Catharacta skua*
Grand Tétras *Tetrao urogallus* (Grand coq de bruyère)

Photo Philippe Prigent

GRAND LABBE

Famille : stercorariidés
Longueur : 60 cm, **Envergure** : 1,33 m
Poids : 1,4 kg - *Espèce protégée*

Proche parent des goélands. En diffère par sa couleur brun foncé et sa queue courte. Prédateur s'attaquant aux oiseaux de mer. Mange aussi du poisson qu'il pêche ou qu'il vole aux autres oiseaux marins. Niche dans la toundra. Une ponte de 2 oeufs. Migre et hiverne sur la mer, visible le long des côtes.

GRAND TÉTRAS

(Grand coq de bruyère)
Famille : gallinacés (tétraonidés)
Longueur : 80 cm, **Envergure** : 1,10 m
Poids : 2 à 4 kg
Espèce protégée, sauf dans les Pyrénées

Le plus grand de nos gallinacés, de la taille de l'oie. Le mâle est noir, la femelle est grise. Pendant la parade nuptiale, le mâle, plus grand que la femelle, fait la roue à la manière du dindon. Pattes et doigts sont emplumés pour marcher sur la neige. Vit dans les forêts d'altitude. Se nourrit de végétaux : aiguilles de sapin, feuilles et baies. Niche au sol. Une ponte de 6 à 9 œufs. Pyrénées, Jura, Vosges. Sédentaire. Rare et en déclin.

Photo Emile Barbelette

Photo Philippe Prigent

GRANDE AIGRETTE

Famille : échassiers (ardéidés)
Longueur : 95 cm, **Envergure** : 1,55 m
Poids : 1,3 kg - *Espèce protégée*

Grand héron blanc, au bec noir au printemps et jaune le reste de l'année, pattes jaunes. N'a jamais d'aigrettes (longues plumes) à l'arrière de la tête. Plutôt silencieuse, sauf au nid. Surtout piscivore. Moins commune que l'aigrette garzette. Niche dans les roseaux ou dans les arbres au bord des étangs, en colonie avec les autres hérons. Une ponte de 4 œufs. Hiverne dans les zones humides et en bord de mer. Petites colonies très localisées, mais large dispersion en hiver.

GRÈBE CASTAGNEUX

Famille : podicipédidés
Longueur : 27 cm, **Envergure** : 43 cm
Poids : 200 g - *Espèce protégée*

Petit oiseau d'eau de la taille d'un gros merle, qui passe son temps à nager et à plonger. Dos brun, flancs gris beige avec l'arrière du corps blanc en hiver. En été : brun au cou roux. Chant éclatant qui évoque un rire en cascade. Ne sort de l'eau que pour couver. Vole peu. Se nourrit d'insectes, mollusque et petits poissons. Deux pontes de 4 à 6 œufs. Niche en eau douce, mais hiverne également en bord de mer. Partout, sauf dans les Alpes et dans les Pyrénées. Présent toute l'année.

Photo Armel Deniau

G Grèbe huppé *Podiceps cristatus*
Grimpereau des jardins *Certhia brachydactyla*

Photo Christian Aussaguel

GRÈBE HUPPÉ

Famille : podicipédidés
Longueur : 48 cm, **Envergure** : 87 cm
Poids : 900 g - *Espèce protégée*

Le plus grand de nos grèbes. Presque de la taille d'un canard colvert. Dos gris, cou et tête blancs, calotte noire en hiver. Flancs et collerette roux et double huppe noire en plumage nuptial. Vit sur l'eau. Plonge fréquemment pour pêcher (petits poissons, crevettes...). Niche dans les étangs et hiverne aussi bien en mer qu'en eau douce. Au printemps, le couple anime l'étang de ses caquètements et de ses danses amoureuses. Construit un nid semi flottant. Une à deux pontes de 3 ou 4 œufs. Partout sauf en haute montagne.

GRIMPEREAU DES JARDINS

Famille : passereaux (certhiidés)
Longueur : 12 cm, **Envergure** : 19 cm
Poids : 8 g - *Espèce protégée*

Petit passereau plus petit que le rougegorge. Plumage couleur écorce dessus, blanc dessous. Bec fin et recourbé. Peut facilement être confondu avec le grimpereau des bois, mais son chant, une petite ritournelle de tonalité aiguë, l'en distingue. Grimpe sur les troncs et grosses branches en s'appuyant sur la queue. Explore de bas en haut les écorces pour capturer des insectes. Vit dans les forêts, parcs et jardins. Deux pontes de 5 ou 6 œufs. Sédentaire. Présent sur tout le territoire, à l'exception de la Corse.

Photo Emile barbelette

Grive musicienne *Turdus philomelos*
Grue cendrée *Grus grus*

Photo Emile Barbelette

GRIVE MUSICIENNE

Famille : passereaux (turdidés)
Longueur : 23 cm, **Envergure** : 35 cm
Poids : 75 g - *Espèce chassable*

Cousine du merle noire. Plumage brun dessus, blanc crème dessous tacheté de noir. Chante dès janvier, dès l'aube, perchée sur une branche haute ou une antenne de télévision. De sa voix forte et claire, répète des phrases variées. Vit dans les forêts, parcs et jardins, où elle se nourrit de lombrics, baies et escargots, dont on retrouve les coquilles cassées. Deux pontes de 4 œufs. Commune. Niche sur tout le territoire, sauf sur le littoral méditerranéen et en Corse, où elle ne fait qu'hiverner.

GRUE CENDRÉE

Famille : échassiers (gruidés)
Longueur : 1,20m, **Envergure** : 2,15 m
Poids : 4,5 kg - *Espèce protégée*

Grand échassier gris à tête noir et blanc, volant le cou tendu. Les rémiges noires sont visibles en vol. Dans toutes les langues européennes son nom est une onomatopée de son cri. On dit qu'elle claironne. Donne de la voix en migration, ainsi que sur les lieux de rassemblements. Marche à pas lent. Se nourrit au sol de graines en hiver et d'insectes et autres petits animaux en été. Niche en Scandinavie, Pologne, Pays Baltes, Russie. Une ponte de 2 œufs. Hiverne dans la Marne et dans les Landes. Se regroupe en dortoir dans les étangs et lacs peu profonds. Migration spectaculaire traversant la France selon un axe nord-est sud-ouest.

Photo Emile Barbelette

G/H Guêpier d'Europe *Merops apiaster*
Harle huppé *Mergus serrator*

Passereau de la taille du merle, remarquable par la coloration de son plumage : roux, bleu, jaune. Bec fin et légèrement recourbé. Queue prolongée de deux filets médians. Les cris roulés sont aussi exotiques que les couleurs du plumage. Se nourrit d'insectes (guêpes, abeilles, libellules…). Niche en colonie dans des terriers creusés à flanc de talus. Une ponte de 5 à 7 œufs. Espèce commune en zone méditerranéenne, plus rare ailleurs. Hiverne en Afrique.

Photo Jacques le Baill

GUÊPIER D'EUROPE

Famille : passereaux (méropidés)
Longueur : 28 cm, **Envergure** : 46 cm
Poids : 55g - *Espèce protégée*

HARLE HUPPÉ

Famille : canards (anatidés)
Longueur : 57 cm, **Envergure** : 80 cm
Poids : mâle : 1,2 kg, **femelle** : 900 g
Espèce protégée

Canard plongeur de la taille du colvert, au bec fin, non aplati et dentelé en dents de scie. Mâle : tête verte, col blanc, poitrine rousse, dos noir et blanc. Femelle grise à tête rousse. Les deux ont l'arrière de la tête hérissée. Pêche en groupes des poissons et crustacés. Niche sur les étangs du nord de l'Europe. Une ponte d'une dizaine d'œufs. Hiverne le long des côtes françaises.

Photo Claude Guihard

Héron cendré *Ardea cinerea*
Hibou moyen-duc *Asio otus*

Photo Christian Aussaguel

HÉRON CENDRÉ

Famille : échassiers (ardéidés)
Longueur : 94 cm, **Envergure** : 1,85 m
Poids : 1,5 kg - *Espèce protégée*

Grand héron gris, au cou presque blanc et avec un épais sourcil noir se prolongeant en aigrette. Long bec jaune. Larges ailes grises et noires. Emet des cris rauques et espacés en vol. Comme tous les hérons, vole le cou replié. Piscivore. Pêche à l'affût, immobile dans l'eau ou sur la berge, aussi bien en mer qu'en eau douce. Capture poissons, grenouilles, campagnols. Niche en colonie dans les arbres. Une ponte de 4 œufs. Présent toute l'année sur une grande partie du territoire.

HIBOU MOYEN-DUC

Famille : rapaces nocturnes (strigidés)
Longueur : 36 cm, **Envergure** : 90 cm
Poids : 275 g - *Espèce protégée*

Rapace nocturne de la taille de la chouette hulotte, mais avec les yeux oranges et des aigrettes. Hululement monosyllabique et grave, beaucoup moins puissant que celui de la chouette hulotte. Claque des ailes pendant la parade nuptiale. Vit dans les bois, campagnes cultivées, parcs et jardins. Niche dans un vieux nid de corvidés. Chasse des campagnols au crépuscule. Une ponte de 4 ou 5 œufs. Sa présence passe le plus souvent inaperçue, sauf lorsque les jeunes crient au nid. Nicheur absent d'une partie du Sud-Ouest, du nord-ouest et du sud-est. Sédentaire.

Photo Armel Deniau

H

Hirondelle de fenêtre *Delichon urbica*
Hirondelle rustique *hirundo rustica*
(Hirondelle de cheminée)

Photo Yann Hermieu

HIRONDELLE DE FENÊTRE

Famille : passereaux (hirundinidés)
Longueur : 13 cm, **Envergure** : 28 cm
Poids : 20 g - *Espèce protégée*

L'espèce d'hirondelle la plus commune en ville, reconnaissable à son croupion et sa gorge blancs et à sa queue courte. Le chant est un babil émit au nid. Les cris brefs et secs sont émis en vol. Chasse des insectes en vol. Niche en colonie sur des bâtiments, jusqu'au cœur des grandes villes. Deux pontes de 4 ou 5 oeufs. C'est l'espèce commune qui accuse le plus grave déclin. Souffre des pesticides et de la destruction des nids sur les façades. Sur tout le territoire. Migratrice passant l'hiver en Afrique.

HIRONDELLE RUSTIQUE

(Hirondelle de cheminée)
Famille : passereaux (hirundinidés)
Longueur : 20 cm, **Envergure** : 34 cm
Poids : 19 g - *Espèce protégée*

Se distingue de l'hirondelle de fenêtre par la gorge rousse et noire, ainsi que par la longueur de la queue. Le chant est un gazouillis rapide. Vit plus à la campagne que l'hirondelle de fenêtre. Contrairement à celle-ci, elle niche à l'intérieur des bâtiments. Etables et granges se faisant rares, elle occupe souvent les cheminées. 2 pontes de 5 oeufs. En déclin également. Sur tout le territoire. Hiverne en Afrique.

Armel Deniau

Huîtrier pie *Haematopus ostralegus* (Pie de mer)
Huppe fasciée *Upupa epops*

Photo Aurélien Audevard

HUÎTRIER PIE
(Pie de mer)

Famille : limicoles (haematopopidés)
Longueur : 43 cm, **Envergure** : 83 cm
Poids : 550 g - Espèce chassable

Grand limicole noir et blanc, au long bec rouge et aux pattes roses. Sifflements aiguës et trilles roulés retentissent sur l'estran. Fréquente le littoral. Rare en intérieur. Se nourrit principalement de mollusques qu'il décolle des rochers (bernique) ou qu'il extrait du sable (coque), mais son bec n'est pas assez puissant pour lui permettre de s'attaquer aux huîtres. Niche en été sur des îlots et sur des plages, surtout sur le littoral de la Manche et de la Méditerranée. Une ponte de 3 œufs. Alarme fort dès qu'il est dérangé. Hiverne en bandes dans les baies et estuaires. Présent toute l'année, mais plus abondant et plus largement réparti en hiver.

HUPPE FASCIÉE

Famille : passereaux (upupidés)
Longueur : 27 cm, **Envergure** : 44 cm
Poids : 65 g - *Espèce protégée*

Passereau de la taille du merle, mais paraissant plus grand. Plumage bigarré remarquable : ailes et queue rayées noir et blanc (fascié), dos et tête roux, ventre clair, huppe érectile et long bec légèrement recourbé. Son chant caractéristique en 3 notes basses « houpoupoup » est à l'origine de son nom latin « Upupa ». Cri étouffé et rauque. C'est surtout au vol que les rayures des ailes sont nettement visibles. Le vol évoque celui d'un papillon. Vit dans les campagnes cultivées, les parcs et jardins. Se nourrit de gros insectes. Niche dans une cavité (trou dans un tronc d'arbre, ruine…). Une ponte de 5 à 7 œufs. Absente d'un bon quart nord du pays. Migratrice hivernant en Afrique. En déclin.

Photo Yann Hermieu

Linotte mélodieuse *Carduelis cannabina*
Loriot d'Europe *Oriolus oriolus*

Photo Armel Deniau

LINOTTE MÉLODIEUSE

Famille : passereaux (fringillidés)
Longueur : 14 cm, **Envergure** : 24 cm
Poids : 18 g - *Espèce protégée*

Petit passereau de la taille du moineau. Dos brun-roux, ventre crème, tête grise. Le mâle a le front et la poitrine tachés de rose vif. Le chant est un gazouillis rapide et varié. Vit dans les campagnes ouvertes, avec des buissons clairsemés. Se regroupe en bandes dès la fin de l'été et occupe en hiver d'autres milieux ouverts, y compris le littoral. Deux pontes de 5 œufs. Granivore. Son nom évoque son goût pour les graines de lin (linotte) et de chanvre (*cannabina*). Présente toute l'année sur tout le territoire. En déclin.

LORIOT D'EUROPE

Famille : passereaux (oriolidés)
Longueur : 24 cm, **Envergure** : 43 cm
Poids : 70 g - *Espèce protégées*

Passereau de la taille du merle, d'un jaune vif, aux ailes et à la queue noires, bec rouge. La femelle est verdâtre. Chant : ritournelle flûtée aux accents exotiques. Discret malgré sa couleur, car descend peu au sol. Vit en haut des grands arbres, dans les bosquets de feuillus, bocage et parcs. Une ponte de 4 œufs. Son vol ondule à la manière de celui des pics. Insectivore et frugivore. Partiellement absent de Bretagne, de Normandie, des Pyrénées, des Alpes et du Massif central. Absent de Corse. Migrateur hivernant en Afrique.

Photo Philippe Garguil

Macareux moine *Fratercula arctica* (Perroquet de mer, clown de mer, calculot) **Martinet noir** *Apus apus*

Photo Armel Deniau

MACAREUX MOINE
(Perroquet de mer, clown de mer, calculot)
Famille : alcidés
Longueur : 28 cm, **Envergure** : 55 cm
Poids : 400 g - *Espèce protégée*

Dessus noir, dessous blanc, joues gris clair, pattes oranges et épais bec rouge, jaune et gris-bleu. Oiseau de mer vivant au large, sauf au printemps, où il vient pondre sur des îles. Niche dans un terrier qu'il creuse avec ses pattes et son bec. Une ponte d'1 œuf. **Piscivore** : plonge en apnée et poursuit les poissons sous l'eau en nageant à l'aide de ses ailes. Niche en colonies sur la réserve naturelle des Sept-Iles, à Perros-Guirec (Côtes d'Armor). Emblème de la Ligue pour la Protection des Oiseaux. En déclin en France, le « petit frère de l'arctique » (*Fratercula arctica*) reste abondant dans le nord de l'Europe. Migrateur hivernant en mer.

MARTINET NOIR
Famille : passereaux (apodidés)
Longueur : 16 cm, **Envergure** : 45 cm
Poids : 45 g

Entièrement noir (contrairement aux hirondelles). Ailes très longues et courbées, queue fourchue. Vit dans les airs 24h sur 24h (dort en vol), toute l'année, sauf pour couver ses œufs. Niche en petites colonies sous les toits. Le soir, le groupe tournoie à toute vitesse en émettant des cris stridents autour des immeubles où il niche. Une ponte de 2 ou 3 œufs. Capture des insectes et araignées en vol. Migrateur présent d'avril à juillet dans toute la France. Hiverne en Afrique. En déclin.

Photo Marc Duquet

Martin-pêcheur d'Europe *Alcedo atthis*
Merle noir *Turdus merula*

Photo Christian Aussaguel

MARTIN-PÊCHEUR D'EUROPE

Famille : passereaux (alcédinidés)
Longueur : 16 cm, **Envergure** : 25 cm
Poids : 37 g - *Espèce protégées*

Ne ressemble à aucun autre passereau. Dessus bleu turquoise, dessous orange vif. Allure trapue, queue courte, long bec noir, ailes courtes. Annonce son passage par des sifflements perçants. Fréquente les milieux aquatiques : rivières, étangs, mares, littoral. Vol rapide et rectiligne. Oiseau furtif. Solitaire ou par paire. Piscivore. Se tient à l'affût sur une branche basse ou un piquet avant de plonger sur un petit poisson. Niche dans un terrier qu'il creuse dans une berge. Deux à trois pontes de 7 œufs. Absent en altitude. Sédentaire.

MERLE NOIR

Famille : passereaux (turdidés)
Longueur : 24 cm, **Envergure** : 38 cm
Poids : 100 g - *Espèce chassable*

Passereau noir (femelle brune) à bec jaune, largement répandu et bien connu de tous. Fréquente de nombreux milieux : bois, bocage, parcs et jardins tant en plaine qu'en altitude, sans oublier le milieu urbain. Remarquable chanteur à la voix claire, au phrasé posé et aux sonorités variées. C'est un des chants les plus agréables et imaginatifs qui soit donné d'entendre. Recherche souvent sa nourriture au sol : lombrics, escargots, insectes, mais aussi dans les arbustes : baies et fruits. Niche dans un buisson, une haie. Deux à trois pontes de 3 à 5 œufs. Commun dans tout le pays, toute l'année.

Photo Jacques Le Baill

Mésange à longue queue
Aegithalos caudacus
Mésange bleue *Parus Caeruleus*

M

Photo Emile Barbelette

MÉSANGE À LONGUE QUEUE

Famille : passereaux (aegithlidés)
Longueur : 13 cm, **Envergure** : 17 cm
Poids : 8 g

Minuscule passereau, de la taille du troglodyte, mais avec une très longue queue. Tête blanche avec un épais sourcil noir, ventre rosé, dos noir, blanc et chamois, queue noire. Bec conique minuscule. Fréquente bois, haies et buissons. Se déplace en petits groupes, parfois mélangée à d'autres mésanges, en émettant de petits cris roulés. Une à deux pontes de 8 à 10 œufs. Insectivore. Largement répandue sur tout le territoire. Sédentaire.

MÉSANGE BLEUE

Famille : passereaux (paridés)
Longueur : 11 cm, **Envergure** : 20 cm
Poids : 11 g - *Espèce protégée*

Moins longue, mais plus grosse que la mésange à longue queue. Ailes, queue et calotte bleues, dos vert, ventre jaune, collier et bandeau bleu foncé. Chant : trille rapide précédé de quelques notes aiguës. Petit passereau très familier fréquentant les mangeoires. Insectivore, grande nettoyeuse de jardins qu'elle débarrasse de leurs chenilles. Devient accessoirement végétarienne en hiver. Niche dans une cavité d'arbre ou de mur. Une à deux pontes de 9 à 13 œufs. Utilise fréquemment les nichoirs artificiels. Très commune partout. Sédentaire.

Photo Fabrice cahez

M Mésange charbonnière *Parus major*
Moineau domestique *Passer domesticus*

Photo Christian Aussaguel

MÉSANGE CHARBONNIÈRE

Famille : passereaux (paridés)
Longueur : 14 cm, **Envergure** : 22 cm
Poids : 18 g - *Espèce protégée*

Plus grande que la mésange bleue. De la taille du moineau domestique. Tête noire et blanche, dos verdâtre, bande noire le long du ventre jaune. Chant à sonorité métallique que l'on compare au bruit d'une lime. Grande variété de cris. Fréquente les mêmes milieux que la bleue. Insectivore au printemps et en été, frugivore à l'automne et granivore en hiver. Cavernicole. Une à deux pontes de 7 à 11 œufs. Sur tout le territoire. Commune. Sédentaire.

MOINEAU DOMESTIQUE

Famille : passereaux (passéridés)
Longueur : 15 cm, **Envergure** : 25 cm
Poids : 30 g - *Espèce protégée*

Universellement connu, le « piaf » vit avec l'homme à la ville comme à la campagne. Se distingue des autres moineaux par sa calotte grise et sa bavette noire. La femelle est grise, sans contraste. Chant peu musical. Vit en colonie et niche le plus souvent dans des cavités. Deux pontes de 5 ou 6 œufs. Granivore et végétarien, il sait aussi profiter de l'abondance des insectes à la belle saison. Sur tout le territoire. Sédentaire. En déclin.

Photo Christian Aussaguel

Mouette rieuse *Larus ridibundus*
Mouette tridactyle *Rissa tridactyla*

Photo Gilles Bentz

MOUETTE RIEUSE

Famille : laridés
Longueur : 41 cm, **Envergure** : 1 m
Poids : 250 g - *Espèce protégée*

La plus commune de nos mouettes. Reconnaissable à son capuchon brun foncé au printemps. En vol, le bord avant de l'aile est blanc (caractéristique). Bec et pattes rouges. Les jeunes sont tachetées de brun sur le dessus. Voix éraillée. Toutes sortes de cris, accompagnés de mimiques, expriment autant de réactions à des situations particulières. Cet oiseau de mer fréquente autant l'intérieur que le littoral et se reproduit en colonie sur les étangs, surtout dans la moitié nord. Une ponte de 2 à 3 œufs. En hiver se disperse sur tout le territoire. Se nourrit d'invertébrés sur l'estran, dans les étangs et dans les labours. Présente toute l'année, avec des effectifs hivernaux renforcés par les populations d'Europe de l'est et du nord.

MOUETTE TRIDACTYLE

Famille : laridés
Longueur : 39 cm, **Envergure** : 1 m
Poids : 400 g - *Espèce protégée*

Cette mouette a la tête blanche toute l'année. Bec jaune et pattes noires. La pointe noire de l'aile est dépourvue de taches blanches. Elle est exclusivement marine et niche en colonie dans les falaises qui résonnent de ses cris assourdissants, trois syllabes dont le nom anglais est l'onomatopée : « kittiwate ». Pêche des animalcules marins en surface. Quelques colonies du Pas de Calais à la Vendée. Les plus grandes en Normandie. Une ponte de 2 œufs. Visible en hiver devant les côtes de l'Atlantique et de la Manche.

Photo Jean-Louis Le Moigne

Oie cendrée *Anser anser*
Outarde canepetière *Otis tetrax*

Photo Christian Aussaguel

OIE CENDRÉE

Famille : oies (anatidés)
Longueur : 83 cm, **Envergure** : 1,60 m
Poids : 3,5 kg - *Espèce chassable*

Grosse oie de couleur gris-brun. Bec orangé et patte roses. Herbivore, elle recherche les pâtures. Traverse la France lors de sa migration vers l'Espagne. Vole en formation (en V) en lançant fréquemment des cris nasillards. Niche dans le nord et l'est de l'Europe. Nicheur rare en France. Une ponte de 4 à 6 œufs. Hiverne dans quelques zones humides protégées de France.

OUTARDE CANEPETIÈRE

Famille : otididés
Longueur : 43 cm, **Envergure** : 1,10 m
Poids : 850 g - *Espèce protégée*

Ressemble à une grosse perdrix mais avec un long cou, noir et blanc chez le mâle. En vol, les ailes apparaissent noires et blanches, alors qu'au repos, le dessus est ocre, finement strié de noir. Au printemps, le mâle lance son cri bref et sec, sorte de pet roulé qui lui a valu son nom. Oiseau de plaine par excellence, bien camouflé dans les graminées par son plumage. Surtout végétarien, mais les poussins se nourrissent d'insectes. Niche au sol, dans les plaines du centre ouest, du Languedoc et de Provence principalement. Une ponte de 3 ou 4 œufs. Hiverne dans le sud de la France et en Espagne. En fort déclin.

Photo Emile Barbelette

Perdrix grise *Perdrix perdrix*
Pic épeiche *Dendrocops major*

Photo Emile Barbelette

PERDRIX GRISE

Famille : gallinacés (phasianidés)
Longueur : 30 cm, **Envergure** : 46 cm
Poids : 400 g - *Espèce chassable*

De la taille d'un pigeon, mais à queue courte. Tête rousse, dessus brun, poitrine grise et tache noire sous le ventre. Ailes courtes et arrondies. Chant grinçant et appel dissyllabique. Battements d'ailes très rapides. Marche et court au sol, dans les plaines cultivées et les friches. Vit en couple au printemps et se regroupe en compagnie en hiver. Végétarienne, elle consomme graines et plantes, mais les jeunes se nourrissent également d'insectes. Niche au sol. Une ponte de 10 à 20 œufs. Espèce sédentaire, absente du quart sud, sauf des Pyrénées. En déclin.

PIC ÉPEICHE

Famille : passereaux (picidés)
Longueur : 22 cm, **Envergure** 36 cm
Poids : 85 g - Espèce protégée

Pic de la taille du merle noir. Ventre blanc, dos noir avec larges « bretelles » blanches, ailes rayées noir et blanc, tête noir et blanc, dessous de la queue rouge. Le mâle à une tache rouge sur la nuque. Son cri est une note explosive et répétée rapidement, mais c'est surtout par le tambourinage qu'il se manifeste, en martelant un tronc creux à coups de bec. Oiseau forestier, grimpant avec aisance aux troncs et grosses branches en prenant appui sur sa queue. Se nourrit d'insectes et de leurs larves, qu'il trouve dans le bois mort, ainsi que de graines de conifères en décortiquant les cônes. Creuse une loge dans un tronc pour nicher. Une ponte de 4 à 6 œufs. Présent dans tout le pays, sauf sur une partie du littoral méditerranéen. Sédentaire.

Photo Christian Aussaguel

Pic vert *Picus viridis*
Pie bavarde *Pica pica*

PIC VERT
Famille : passereaux (picidés)
Longueur : 32 cm
Envergure : 41 cm
Poids : 175 g
Espèce protégée

Plus grand que le pic épeiche. Dessus vert, croupion jaune et tête rouge. Les jeunes ont le ventre tacheté. Cri composé d'une série de notes descendantes évoquant un rire éclatant. Moins forestier que l'épeiche : campagne avec bosquets, bocage, parcs. Se nourrit surtout au sol, y compris sur les pelouses des jardins avec des fourmilières. Une ponte de 5 à 7 œufs. Sur tout le territoire, à l'exception de la Corse. Sédentaire.

PIE BAVARDE
Famille : passereaux (corvidés)
Longueur : 46 cm : **Envergure** : 50 cm
Poids : 210 g - *Espèce classée nuisible*

Grand passereau noir et blanc facilement reconnaissable. Très longue queue noire à reflets verts et violets. Jacasse continuellement. Habite toute sorte de milieux, y compris le milieu urbain. Son nid est bien visible : grosse boule de branchettes en haut d'un arbre. Une ponte de 6 à 8 œufs. Omnivore, surtout carnivore. Sur l'ensemble du territoire, sauf en Corse. Sédentaire. En déclin.

Pigeon ramier *Columba palumbus*
Pinson des arbres *Fringilla coelebs*

P

Photo Jacques Le Baill

PIGEON RAMIER

(Palombe)
Famille : colombidés
Longueur : 41 cm, **Envergure** : 77 cm
Poids : 500 g
Espèce chassable qui peut être classée nuisible par arrêté préfectoral

Gros pigeon gris à poitrine rosée avec une virgule blanche sur l'aile et une tache blanche sur le côté du cou. Roucoulement grave. Vit dans les bois, bosquets et parcs. Se nourrit de graines, mais également de bourgeons. Peut nicher en colonie. Deux pontes de 2 œufs. Les populations nordiques migrent en Espagne en traversant la France et en franchissant les Pyrénées. Commun sur tout le territoire, sauf en altitude, toute l'année. En augmentation.

PINSON DES ARBRES

Famille : passereaux (fringillidés)
Longueur : 15 cm, **Envergure** : 26 cm
Poids : 23 g - *Espèce protégée*

Passereau de la taille du moineau domestique, à la poitrine rouge brique et calotte gris bleuté (mâle). Une barre blanche sur l'aile est visible chez les 2 sexes. Le chant est une ritournelle se terminant par un trille accéléré. Vit dans la campagne, parcs et jardins. Granivore, sauf pendant la reproduction, où il devient insectivore. Deux pontes de 4 ou 5 œufs. Se regroupe en hiver, y compris avec d'autres fringilles. Commun sur tout le territoire, toute l'année.

Photo Jacques Le Baill

Pipit farlouse *Anthus pratensis*
Plongeon catmarin *Gavia stellata*

Photo Emile Barbelette

PIPIT FARLOUSE

Famille : passereaux (motacillidés)
Longueur : 14 cm, **Envergure** : 25 cm
Poids : 18 g - *Espèce protégée*

Passereau à peine plus petit que le moineau domestique, gris beige à la poitrine striée. Vit au sol, mais peut se percher sur des buissons. Prairies humides ou littorales. Vol nuptial ascendant et descendant, tout en chantant. Insectivore. Niche au sol. Deux pontes de 5 œufs. Nicheur surtout dans la moitié nord et dans le Massif central. Hiverne en groupe, un peu partout, sauf en haute montagne.

PLONGEON CATMARIN

Famille : gaviidés
Longueur : 60 cm, **Envergure** : 1,10 m
Poids : 1,3 kg - *Espèce protégée*

Oiseau aquatique au plumage gris, gorge blanche. Nicheur de l'arctique (une ponte de 2 œufs), il a la gorge rousse en plumage nuptial. Corps allongé adapté à la nage. Cet oiseau ne marche pas. Piscivore. En France, hiverne le long des côtes, rarement sur les lacs, parfois en petits groupes.

Photo Emile Barbelette

Pluvier argenté *Pluvialis squatarola*
Pouillot véloce *Phylloscopus collybita*

P

Photo Armel Deniau

PLUVIER ARGENTÉ

Famille : limicoles (charadriidés)
Longueur : 29 cm, **Envergure** : 76 cm
Poids : 200 g - *Espèce chassable*

En plumage d'hiver, ce limicole de la taille de la tourterelle turque est gris. Son plumage nuptial est très contrasté : dessous noir, calotte et nuque blanches, dos et ailes noirs tachetés de blanc. En migration, il présente un plumage intermédiaire. En vol une tache noire aux aisselles le distingue de tous les autres limicoles. Le cri est un sifflement mélodieux composé de trois syllabes liées. Fréquente les vasières, où il se nourrit d'invertébrés. Niche en Sibérie. Une ponte de 4 œufs. Présent sur le littoral d'août-septembre à mai-juin.

POUILLOT VÉLOCE

Famille : passereaux (sylviidés)
Longueur : 11 cm, **Envergure** : 17 cm
Poids : 7 g - *Espèce protégée*

Petit passereau gris-vert aux pattes noires, nichant dans les forêts de feuillus et mixtes. Se nourrit d'insectes en explorant le feuillage des arbres. Toujours en activité. Son nom anglais, « Chiffchaff » est l'onomatopée de son chant à deux notes, qu'il égraine mécaniquement. Le nid en forme de boule est accroché dans les herbes. Deux pontes de 6 œufs. Présent sur tout le territoire en reproduction, sauf sur le littoral méditerranéen. En hiver, absent de l'est.

Photo Emile Barbelette

Rossignol philomèle *Luscinia megarhynchos*
Rougegorge familier *Erithacus rubecula*

Photo Hervé Michel

ROSSIGNOL PHILOMÈLE

Famille : passereaux (turdidés)
Longueur : 16 cm, **Envergure** : 24 cm
Poids : 23 g - *Espèce protégée*

Passereau un peu plus grand que le rougegorge. Dessus brun avec la queue rousse, dessous clair sans tache. Vit dans les haies, bosquets et buissons. On l'entend plus qu'on ne le voit. Sa voit est célèbre, pour la pureté de son timbre. Il est quasiment le seul passereau à chanter la nuit. Deux pontes de 5 œufs. Il hiverne en Afrique. Présent en France d'avril à septembre. Il est absent de la Bretagne.

Photo Emile Barbelette

ROUGEGORGE FAMILIER

Famille : passereaux (turdidés)
Longueur : 14 cm, **Envergure** : 22 cm
Poids : 15g. - *Espèce protégée*

Reconnaissable à son poitrail orange, le rouge-gorge familier est connu de tous. Fréquente les jardins, mais également les forêts et d'autres milieux. Chant varié formé de courtes strophes. Chante presque toute l'année. Caractère individualiste. En hiver, mâle et femelle, territoriaux, chantent avant même le lever du jour. Deux pontes de 5 œufs. Nourriture : insectes et baies. Oiseau commun et présent toute l'année, mais avec des déplacements migratoires. Ce n'est pas toujours le même individu que l'on voit dans son jardin !

Sarcelle d'hiver *Anas crecca*
Sittelle torchepot *Sitta europaea*

Photo Christian Aussaguel

SARCELLE D'HIVER

Famille : anatidés
Longueur : 36 cm, **Envergure** : 61 cm
Poids : 350 g - *Espèce chassable*

Petit canard de la taille d'un pigeon de ville. Mâle : dessus gris, tête brun rouge avec un bandeau vert foncé, tache jaune vif sous la queue. Femelle : gris-brun. Niche dans les étangs bordés de végétation, dans les régions Nord-Pas de Calais, Ile de France et Centre. Une ponte de 8 à 10 œufs. Hiverne sur les étangs, bassins artificiels, marais et estuaires, surtout dans la moitié nord, ainsi que sur le littoral de l'Atlantique et de la Méditerranée. Commune, surtout en hiver.

SITTELLE TORCHEPOT

Famille : passereaux (sittidés)
Longueur : 14 cm, **Envergure** : 26 cm
Poids : 23 g - *Espèce protégée*

Petit passereau à queue courte. Dessus gris bleuté, dessous orangé. Bandeau noir sur les yeux. Le chant est une note sifflée et répétée pouvant s'accélérer en trille. Vit dans les grands arbres, souvent des chênes. Excellente grimpeuse qui explore les écorces souvent la tête en bas, à la recherche d'insectes. Se nourrit également de graines. Parvient même à briser une noisette en la coinçant dans une fente d'écorce et la frappant du bec. Niche dans un trou d'arbre, dont elle ajuste l'entrée à sa taille à l'aide de boue, d'où le nom de torchepot. Une ponte de 7 œufs. Partout, sauf en Languedoc-Roussillon, ainsi qu'en Corse où elle est remplacée par la sittelle corse. Sédentaire.

Photo Fabrice Cahez

Spatule blanche *Platalea leucorodia*
Sterne caugek *Sterna sandvicensis*

SPATULE BLANCHE

Famille : threskiornithidés
Longueur : 85 cm, **Envergure** : 1,23 m
Poids : 1,850 kg - *Espèce protégée*

Photo Photo Jacques Le Baill

Grand échassier blanc avec bande pectorale et huppe orangées. Le bec noir en spatule est caractéristique (rosé chez les jeunes). Vole le cou tendu, comme les cigognes. Vit dans les lagunes et marais. En migration, stationne également dans les estuaires. Pêche des petits poissons et autres petits animaux aquatiques en déplaçant latéralement son bec dans l'eau. Niche en colonie dans les arbres, parfois avec des hérons. Une ponte de 3 à 5 œufs. Nicheur rare dans l'Ouest, ainsi qu'au Marquenterre et en Camargue. Présente toute l'année. En augmentation.

STERNE CAUGEK

Famille : sternidés
Longueur : 38 cm, **Envergure** : 1,04 m
Poids : 250 g - *Espèce protégée*

Ressemble à une mouette aux ailes fines et à la queue fourchue. Calotte, bec et pattes noirs. Cris dissyllabiques rauques et puissants. Vit le long du littoral. Piscivore. Plonge après avoir fait du surplace. Niche en colonie sur des bancs de sable ou des îlots rocheux dans le Pas de Calais, en Bretagne, en Gironde et en Camargue principalement. Une ponte de 2 œufs. Surtout migratrice, passant l'hiver en Afrique, mais quelques unes restent en France en hiver.

Photo Jacques Le Baill

Sterne pierregarin *Sterne hirundo* *(Hirondelle de mer)*
Tadorne de Belon *Tadorna tadorna*

Photo Jean-Louis Le Moigne

STERNE PIERREGARIN

(Hirondelle de mer)
Famille : sternidés
Longueur : 33 cm, **Envergure** : 88 cm
Poids : 140 g - *Espèce protégée*

Nettement plus petite que la sterne caugek, mais avec une queue plus longue et très échancrée. Le bec est rouge, ainsi que les pattes. Oiseau court sur pattes. Cris variés, soit aigres et traînants, soit secs et brefs, ou encore en série. Vit sur le littoral, mais aussi sur les fleuves et les lacs. Plonge en piqué. Piscivore. Niche en colonie sur des îles et des marais salants en Manche, Atlantique, Méditerranée, ainsi que sur la Loire, entre autres. Une ponte de 2 ou 3 oeufs. Grande migratrice qui hiverne en Afrique.

TADORNE DE BELON

Famille : anatidés
Longueur : 65 cm, **Envergure** : 1,20 m
Poids : mâle : 1,1 kg, **femelle** : 740 g
Espèce protégée

Grand canard aux couleurs contrastées : corps blanc, ailes noires, poitrine marron, tête vert foncé, bec rouge et pattes roses. Le mâle a le bec surmonté d'une caroncule rouge. Il émet un sifflement aigu, alors que la femelle cancane. Vit sur le littoral. Niche dans une cavité (terrier de lapin...). Une ponte de 12 œufs. Se nourrit de crustacés et de mollusques. Ne plonge pas. Se reproduit et hiverne en France, mais migre entre temps en mer des Wadden (Allemagne) pour muer. En augmentation.

Photo Jean-Louis Le Moigne

T Tarier pâtre *Saxicola torquata* Tourterelle turque *Streptopelia decaocto*

TARIER PÂTRE

Famille : passereaux (turdidés)
Longueur : 12 cm, **Envergure** : 20 cm
Poids : 14 g - *Espèce protégée*

Petit passereau rondouillard et à queue courte. Gorge noire, col blanc et poitrail roux orangé. Tache blanche au milieu des ailes presque noires. Queue noire. Femelle plus grise. Cri : « trek-trek » répété des minutes durant. Chant : courtes strophes de notes grésillantes où se mêlent parfois des imitations en vol nuptial. Vit dans les milieux ouverts. Utilise toujours les mêmes perchoirs (piquet, buisson, clôture). Insectivore. Niche au sol. Deux pontes de 5 ou 6 œufs. Sur tout le territoire. Sédentaire dans le sud et l'ouest.

Photo Jacques Le Baill

TOURTERELLE TURQUE

Famille : columbidés
Longueur : 32 cm, **Envergure** : 51 cm
Poids : 200 g - *Espèce chassable*

Photo Armel Deniau

Petite tourterelle beige avec un demi-collier noir sur la nuque. Roucoulement de trois notes non roulées, dont la seconde est plus appuyée. Vit dans les parcs et jardins, ainsi que dans les villages, en couple ou en petit groupe. Deux à cinq pontes de 2 œufs. Granivore. Partout sauf en altitude dans les Alpes et les Pyrénées. Sédentaire.

Traquet motteux *Oenanthe oenanthe*
Troglodyte mignon *Troglodytes troglodytes*

T

TRAQUET MOTTEUX
Famille : passereaux (turdidés)
Longueur : 15 cm, **Envergure** : 24 cm
Poids : 26 g

Splendide passereau à peine plus grand que le rougegorge familier. Ailes noires, dos gris bandeau noir et poitrine ocre jaune. Femelle et mâle plus ternes en automne. Le chant est une série rapide où se mélangent des notes musicales et rauques, entrecoupées parfois d'imitations. Le cri d'alarme est un « tèck-tèck » évoquant deux pierres que l'on entrechoque. Vit dans les milieux ouverts et désertiques, sur les pelouses rases, qu'elles soient littorales ou d'altitude. Se perche que des pierres, souches et des mottes (d'où son nom). Niche sous une pierre, dans une souche : une à deux pontes de 5 ou 6 œufs. Insectivore. Si les nicheurs sont très dispersés, les migrateurs sont bien visibles lors du passage (printemps et automne). Hiverne en Afrique sub-Saharienne.

Photo Armel Deniau

Photo Aurélien Audevard

Minuscule passereau brun roux, à la queue courte et dressée. Notes stridentes et trilles aigus composent son chant puissant et prolongé. Le cri est un « tic-tic » sec alors que l'alarme est une crécelle. Vit dans les buissons des bois et jardins. Insectivore. Fait un nid en forme de boule avec une entrée sur le côté ou en dessous, d'où son nom. Deux pontes de 6 œufs. Sur tout le territoire. Sédentaire.

TROGLODYTE MIGNON
Famille : passereaux (troglodytidés)
Longueur : 9 cm, **Envergure** : 14 cm
Poids : 9 g - *Espèce protégée*

V Vanneau huppé *Vanellus vanellus* Vautour fauve *Gyps fulvus* Verdier d'Europe *Carduelis chloris*

Photo Christian Aussaguel

VANNEAU HUPPÉ

Famille : limicole (charadriidés)
Longueur : 30 cm, **Envergure** : 73 cm
Poids : 220 g

Limicole de la taille de la tourterelle turque. Longue huppe noire, gorge noire, dos vert foncé et ventre blanc. En vol, la queue blanche barrée de noire à l'extrémité est bien visible. En parade nuptiale, les ailes noires et arrondies produisent un vrombissement sonore (un bruit de van, d'où son nom). Le bec est court. Le cri comporte deux syllabes, dont la seconde est ascendante : *pievouit*. Se nourrit d'insectes et de vers. Niche dans les prairies et hiverne dans les plaines cultivées. Nicheur dans les deux-tiers nord. Une ponte de 4 œufs. Grands rassemblements en hiver, dans toute la France, hormis en montagne.

VAUTOUR FAUVE

Famille : rapaces diurnes (accipitridés)
Longueur : 1 m, **Envergure** : 2,65 m
Poids : 7 kg - *Espèce protégée*

Grand vautour aux ailes larges et à queue courte. Dos brun clair. Rémiges et rectrices noires. Collerette blanche (brune chez le jeune). Cou et tête déplumé. En vol, les longues rémiges primaires dessinent des doigts au bout des ailes. Charognard. Recherche les carcasses en planant en orbes, haut dans le ciel. Niche dans les Pyrénées, les Cévennes et les Alpes où il est sédentaire. Erratique ailleurs. Niche en colonie, dans une falaise. Une ponte de 1 œuf. En augmentation grâce à la réintroduction.

VERDIER D'EUROPE

Famille : passereaux (fringillidés)
Longueur : 15 cm, **Envergure** : 26 cm
Poids : 27 g

Grand fringille vert et jaune. Femelle plus terne que le mâle. Gros bec. Le chant nuptial est émis en vol et rappelle par ses sonorités liquides celui du canari. Le cri est une roulade perlée. Vit dans le bocage et les jardins où il vient à la mangeoire. Niche dans une haie, un arbre. Deux pontes de 4 ou 5 œufs. Granivore. Commun sur tout le territoire. Sédentaire.

▲ Vautour fauve Photo Christian Aussaguel

Verdier d'Europe Photo Photo Jacques Le Baill ▼

Index

Ce livre a été imprimé et broché par POLLINA, 85400 Luçon - n° 95551.
Imprimé en France

PEFC 10-31-2065

IMPRIM'VERT®